ÉTABLISSEMENT ET CONSERVATION

DES PRAIRIES

ÉTABLISSEMENT ET CONSERVATION

DES PRAIRIES

DANS LE ROYAUME LOMBARD-VÉNITIEN

D'APRÈS

LES NOUVEAUX ÉLÉMENTS D'AGRICULTURE

DE FILIPPO RÉ

PROFESSEUR D'AGRICULTURE A L'UNIVERSITÉ DE BOLOGNE

TRADUITS

PAR PHELIPPE BEAULIEUX

EX-PRÉSIDENT DE LA SECTION DE L'AGRICULTURE, DU COMMERCE ET DE L'INDUSTRIE DE LA SOCIÉTÉ
ACADÉMIQUE DE LA LOIRE-INFÉRIEURE

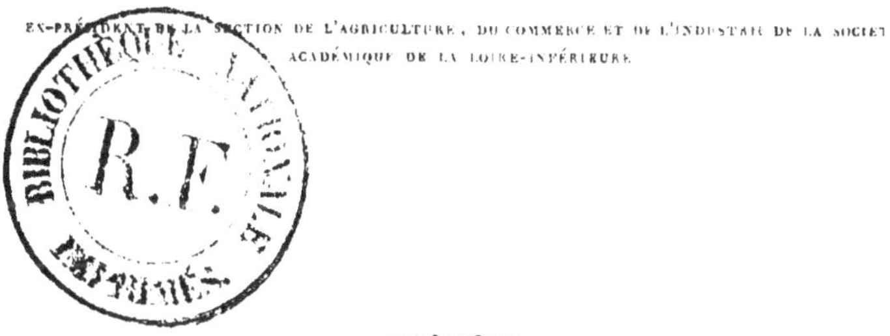
BIBLIOTHÈQUE NATIONALE IMPRIMÉS R.F.

A PARIS

DE L'IMPRIMERIE DE CRAPELET

RUE DE VAUGIRARD, 9

1849

PRÉFACE.

Ce fragment du célèbre ouvrage de Philippe Ré, intitulé *Nouveaux éléments d'agriculture*, ne pouvait paraître dans une occasion plus favorable que celle-ci. Aujourd'hui que tous les regards se tournent vers l'agriculture, le commerce et l'industrie, ces principes de la prospérité publique, chacun ne doit-il pas apporter son contingent, quel qu'il soit, à l'œuvre commune?

Or, si la culture des prairies et l'établissement des irrigations d'après un système plus rationnel, sont adaptés à des terres cultivées et non cultivées, au centre et à l'ouest du pays, ces deux branches de l'agriculture ne seront-elles pas le stimulant le meilleur pour l'élève d'une plus grande masse de bétail que réclament, sur tous les points du territoire, les travaux du labourage, la production des engrais et l'alimentation des populations dans les campagnes et dans les villes?

Pour atteindre ce but, l'ouvrage de Ré, à peine connu en France, mais en renom dans l'Italie, deviendra sans contredit, d'un secours peu ordinaire auprès de nos agriculteurs français.

Tel est le motif qui nous a décidé à mettre au jour ce fragment avant la publication de l'ouvrage entier. C'est en quelque sorte la suite des divers fragments de Ré, sur les *Engrais,* que nous avons déjà publiés.

Au nord de la Péninsule, les Italiens, depuis le commencement du xixe siècle, nous ont devancés sur ces deux points de l'agriculture moderne : la science des engrais et la création des prairies par les irrigations. Ce sont des faits qu'il est inutile de nier. Toutefois ceux-là qui sembleraient douter encore, seraient convaincus plus tard, lorsque nous aurons livré au public la traduction que nous avons achevée, des trois ouvrages les plus remarquables de Ré, savoir : l'*Essai sur les engrais*, les *Nouveaux éléments d'agriculture*, et le *Traité pratique et théorique sur les maladies des plantes*. Ce cours, à peu près complet de l'agriculture lombarde, formera six volumes in-8 : ouvrages de pratique et de théorie, écrits avec cette simplicité si nécessaire dans la narration des faits et si précieuse dans l'exposition des doctrines, qu'il eût été inutile de leur ravir ce double caractère qui les rend accessibles à toutes les intelligences, et de le remplacer par la beauté et l'élégance des expressions, ces ornements si recherchés aujourd'hui, et que le judicieux agronome a dédaignés pour le succès des livres qu'il destinait à la méditation de l'homme des champs.

C'est à la science, clairement développée dans ces ouvrages, que nous ne cesserons de renvoyer nos cultivateurs de France, si habiles d'ailleurs dans la pratique, mais peu avancés, il faut en convenir, sur ces deux points d'une extrême importance. C'est là, c'est à cette source intarissable qu'ils puiseront les doctrines et les exemples qui ont contribué, dès le XVIe siècle, à la formation de ces nombreuses prairies, ces richesses de la haute Italie, ces modèles de l'art agricole, qui sont devenus plus tard l'admiration non-seulement de la France, de l'Angleterre, de l'Europe, mais, disons mieux, du monde entier.

Enfants de la France, imitons nos voisins, imitons ces cultivateurs intelligents qui, par un labeur continuel et une patience opiniâtre, avec le secours des engrais et des irrigations habilement appliqués, ont su produire des récoltes qui doublent et même quadruplent souvent les produits les meilleurs de nos prairies les plus fertiles.

Paris, décembre 1848.

NOUVEAUX ÉLÉMENTS

D'AGRICULTURE.

LIVRE VI.

CULTURE DES HERBES EMPLOYÉES A L'ALIMENTATION DES BESTIAUX.

—

CHAPITRE PREMIER.

Erreur des cultivateurs qui ne multiplient point les aliments du bétail, parce qu'ils ne possèdent pas les eaux nécessaires aux irrigations. — Idées générales sur les prairies. — Manière d'améliorer les pâturages.

J'ai toujours proclamé l'utilité d'accroître le nombre des prairies, parce que je suis persuadé que ce genre de productions peut ramener l'agriculture de notre pays, sinon à son antique splendeur, du moins à son profit le plus grand. J'éprouve encore la satisfaction la plus vive en voyant que beaucoup de personnes ont adhéré à ces vérités que j'annonce depuis plusieurs années, et se sont spécialement adonnées à cette branche de culture. Mais j'en rencontre aussi beaucoup d'autres qui prétendent démontrer l'impossibilité d'accroître le nombre des prairies, ou du moins d'en ₚeti rer les avantages qu'ils en espèrent, attendu la privatioⁿ des eaux nécessaires pour les irrigations. Que chacun réfléchisse sur ce que je vais annoncer, et il se convaincra que cet obstacle est loin d'être insurmontable, comme on le croit en général, et qu'on peut fort bien y suppléer. Cette opinion admise, il n'est plus difficile pour le cultivateur d'élever une plus grande quantité de bétail, différence qui lui permettra de retirer un profit supérieur à celui qu'il retire ordinairement.

Je parle spécialement pour les pays situés le long des Apennins, et pour les localités qui manquent d'eau. Le bétail se nourrit de trois sortes d'aliments : en première ligne, je place le produit des prés irrigués. Cet aliment, en y réfléchissant, n'est pas le véritable aliment destiné originairement au bétail. En effet, nous voyons que les animaux qui donnent les meilleures viandes, et les plus succulentes, sont ceux élevés dans les pâturages secs, et principalement dans les montagnes où les herbes sont plus savoureuses; les prairies en luzerne et en trèfle, non irriguées, produisent les viandes les plus estimées. Les prairies irriguées sont préférées, seulement, pour la production et l'abondance du laitage. Mais certaines plantes que l'on ne rencontre point dans les prairies irriguées produisent un pareil résultat; elles sont cultivées avec un très-grand avantage pour la nourriture du bétail, en tous les temps, et principalement pour l'hiver, époque de la disette des herbages. Il est reconnu que les prairies semées de différents herbages donnent un fourrage de qualité supérieure, et que cette variété influe beaucoup sur la santé du bétail. Mais cette variété, que certains cultivateurs exagèrent tant dans les prairies irriguées, obtiendrait un avantage égal ou peut-être plus grand, s'ils donnaient aux prés secs et des montagnes une partie des soins qu'ils prodiguent aux prairies des vallées, qui jouissent déjà du bienfait des irrigations. Ici, je parle d'après mes propres observations. Le département de *Crostolo* est, sans contredit, un de ceux où l'art d'établir et de conserver les prairies est plus avancé que dans beaucoup d'autres départements placés sous une pareille condition. Mais c'est une erreur de croire que, dans ce département, les eaux sont abondantes, et que le cultivateur en dispose à volonté, comme on le remarque dans les cantons placés sur la rive gauche du *Pô*. Il est certain que, dans cette localité, les cultivateurs continuent pour les prés secs les mêmes soins et les mêmes travaux que pour les prés irrigués. Il y a plus encore, dans le canton de *Reggio,* autre localité où les irrigations manquent totalement, nous voyons en retour croître abondamment de la luzerne, et une multitude de champs sont couverts, chaque année de trèfles, de vesces, et autres plantes semblables, là où naguère le sol était condamné à rester habituellement en jachères. Ce fait, dont personne ne peut plus douter, ne devrait-il pas suffire pour persuader les cultivateurs qui s'obstinent à ne pas accroître la masse des plantes fourragères, cette nourriture du bétail si précieuse, quand les irrigations manquent? Le seul exemple des horticulteurs de tous les pays serait une nouvelle preuve qu'avec les herbes des prés, mélangées de quelques autres plantes, il est possible encore d'alimenter avantageusement le bétail, et d'accroître la masse des fumiers et l'abondance du rendement de chaque récolte.

Toutefois, il est reconnu généralement, que le meilleur aliment est celui qui provient de la prairie naturelle, ensuite de la prairie artificielle, et enfin des autres plantes fourragères, lesquelles, rigoureusement parlant, ne peuvent pas prendre rang parmi celles des prairies, bien qu'elles servent au même usage que le produit des prairies. En résumé, nous ne parlerons que de ces trois catégories de prairies, après avoir défini ce qu'on doit entendre par prairie et ses variétés.

En général nous désignons par le nom de prairie un terrain qu'on ne laboure point, qui sert à produire de l'herbe et à donner du foin. Il est des prairies de plusieurs sortes ; les unes se distinguent par l'usage des herbes qui y croissent, les autres par la manière de les établir, ou par leur durée, ou par les améliorations constantes dont elles sont susceptibles, et enfin par le genre de plantes qu'on y cultive exclusivement. Partant de là, les prairies se divisent en plusieurs espèces, savoir : 1° le pâturage, dont on ne fauche jamais l'herbe et qui est continuellement pacagé par le bétail ; 2° la prairie dont on fauche l'herbe. Cette prairie varie dans sa qualité et sa durée, et reçoit diverses dénominations, d'abord celle de prairie perpétuelle ; elle est ainsi nommée parce qu'elle reste couverte d'herbes pendant un temps indéterminé ; d'autres, et je l'ai fait moi-même plusieurs fois, nomment ces prairies, prairies naturelles. Cependant la première désignation me semble préférable parce qu'elle renferme l'un et l'autre cas ; 3° prairie alterne ; on nomme prairie alterne le terrain qui, pendant un temps donné, se couvre d'une ou plusieurs espèces d'herbes, avant de retourner à son ancienne culture, et de revenir former une nouvelle prairie. A la classe des prairies alternes, semble correspondre la prairie artificielle, la *Spianata* de *Milan*, avec une troisième espèce, qui est la *Marcita*, si célèbre dans le *Piémont*. Cette dernière est une prairie sur laquelle le cultivateur fait continuellement couler les eaux, depuis la fin de septembre jusqu'au commencement de mars; et ces eaux, empêchant la superficie de geler, permettent à l'herbe de croître pendant l'hiver. La *Spianata* est une prairie sèche, qui ne reçoit d'autres eaux que la pluie du ciel. Sous la dénomination de prairie, il semble que l'on pourrait encore comprendre toutes les portions de champs qui se couvrent de plantes dont les feuilles, les racines et le tronc servent d'aliments au bétail, et qui demandent des soins de culture, à la différence de l'herbe qui végète dans les prairies, où elle ne réclame d'autre soin que la fumure. A cette dernière catégorie, nous appliquerons très-volontiers le nom de prairie artificielle, parce qu'elle demande ordinairement, pour réussir, le concours des connaissances les plus rares de la science agricole. En général, les agriculteurs divisent les prairies en prairies artificielles et naturelles.

Les pâturages sont ou privés ou communaux. Nous verrons ce qu'il faut penser de ces pâturages, quand nous parlerons de la meilleure nourriture qu'on doit donner aux bestiaux. Pour l'instant, nous nous bornerons à parler des pâturages privés, mais sans agiter ni résoudre la question de savoir s'il y a un plus grand bénéfice à les convertir en prairies perpétuelles pour produire du foin, parce que je suis privé de renseignements positifs à cet égard. Du reste, sans tomber dans l'erreur, je puis dire que le laboureur en retirerait un plus grand bénéfice, s'il apportait des soins plus intelligents à leur amélioration.

Les pâturages sont secs ou humides; dans le second cas, ce qui arrive moins dans la montagne que dans la plaine, les cultivateurs font usage, pour l'amélioration, des règles relatives à l'écoulement des eaux; telles que nous les avons indiquées dans le livre second. Le dommage qui provient de la stagnation des eaux est le plus grave de tous. Il est très-certain qu'une multitude de pâturages, qui donnent à peine quelques charges de fourrage au printemps, c'est-à-dire quand les pâturages ne sont plus couverts par les eaux, fourniraient à cette époque une abondante récolte, et la dépense nécessaire pour faciliter cet écoulement ne serait pas considérable. Ensuite les pâturages secs devraient être recouverts d'une couche de fumier, non d'un seul trait, mais successivement et dans le cours d'une année. Cette dépense est si légère que personne ne peut s'en priver.

Nous avons démontré que, dans une multitude de cas, le cultivateur peut, à l'aide d'un faible déboursé, améliorer une prairie, c'est-à-dire lui faire produire une récolte double. Il est d'une extrême importance de ne pas laisser le bétail pacager à volonté et indistinctement sur toute l'étendue des pâturages. Le cultivateur doit faire pacager méthodiquement, en commençant sur un point et passant successivement de l'un à l'autre, de manière à revenir sur le premier, après un certain laps de temps. Néanmoins, nous devons ici faire l'aveu qu'il paraît impossible à un grand nombre de cultivateurs qu'une semblable méthode soit la plus convenable pour restaurer les pâturages. Mais celui qui comprendra les effets de la végétation, ne se laissera pas persuader si légèrement. Ce serait encore une précaution excellente que d'empêcher les porcs de pénétrer dans les pâturages, qu'ils ruinent en fouillant pour déterrer les racines. Peut-être serait-il encore plus utile de ne pas laisser pacager les troupeaux avec le gros bétail, mais d'y admettre d'abord le gros bétail et ensuite le menu. Nous voudrions que le laboureur pût appliquer ce soin aux prairies perpétuelles aussi bien qu'aux pâturages ordinaires. La plupart de ces pâturages, pour ne pas dire la totalité, sont dans un état déplorable par l'effet de la mousse qui les recouvre et par les cavités qui s'y forment. L'usage de la herse à dents, ou de tout autre instrument analogue, peut leur donner une nouvelle énergie et les délivrer de la voracité des herbes parasites. Sinon, cette destruction ne s'obtient qu'en répandant de la poussière de charbon, ou de la cendre et de la suie. Les écoulements et les rigoles pratiqués avec intelligence sont encore des remèdes très-efficaces contre les inconvénients de la mousse. Mais les cultivateurs s'abstiennent en général de tous ces détails, parce qu'ils sont persuadés qu'ils deviennent aussi dispendieux qu'inutiles ; et cette incurie fait que les pâturages ne produisent pas le fourrage qu'ils en pourraient attendre. J'ai déjà dit, et je répéterai souvent qu'il n'y a rien de plus nuisible en agriculture, pour la plaine et pour la montagne, que le défrichement des côtes. Je dirai encore, lorsque les pâturages sont devenus improductifs, qu'il n'y a aucun avantage à les recouvrir d'herbes ; ce serait, au contraire, une opération fort avantageuse que de les défoncer pour y semer quelques plantes et herbages et ensuite de les remettre en pâturage. C'est la seule manière de les rendre plus productifs. Dans tous les cas, je pense qu'il est fort utile de répandre de la terre en automne sur les pâturages et, si cette opération ne produit qu'un médiocre effet, alors je crois que le déchirement exécuté avec une herse à couteaux, est l'expédient le plus sûr pour ler procurer une nouvelle énergie. Je sais fort bien que la majeure partie de ceux qui possèdent des pâturages dans leurs localités liront mes préceptes, et que, s'ils ne les regardent point comme inutiles, ils les déclareront tout au moins d'une difficile et dispendieuse exécution. Mais je leur répondrai encore que mes observations, avec les faits à l'appui, prouvent les avantages qu'ils en peuvent retirer, s'ils entreprennent peu à peu : 1° le nivellement des pâturages ; 2° le recouvrement du sol, en répandant une terre convenable ; 3° le renouvellement de la culture en déchirant la superficie ; et 4° les semailles des plantes légumineuses et fourragères pour un temps déterminé ; ce sont là les seuls moyens de remettre le sol en bon état avec peu de dépenses. Mais faire ces opérations d'un seul trait, c'est tout le contraire. Que chacun n'oublie pas la vérité relative à ce sujet : de toutes les espèces de prairies, si la moins productive est ordinairement le pâturage, c'est que le cultivateur néglige de donner les soins nécessaires au pâturage.

CAAPITRE II.

Établissement des prairies perpétuelles. — Méthode ancienne. — Nivellement indispensable. — Méthode moderne. — Prairies en terrasse. — Plantation des arbres autour des prairies.

Nul agronome, mieux que *Palladius*, n'a indiqué les qualités que doit avoir une prairie. Le cultivateur qui voudra établir une prairie devra choisir un sol en plaine, d'une qualité grasse et humide, sur une pente légèrement inclinée, sinon un sol dans une vallée dont les éléments permettent facilement l'écoulement des eaux [1]. Il peut établir une prairie sur un sol léger, pourvu que l'arrosement puisse se pratiquer avec facilité. Il semble que la terre la plus favorable pour l'établissemeut d'une prairie est celle qui est composée de molécules argileuses et quartzeuses avec une pareille quantité de terre calcaire. Le cultivateur avisera quelle terre il doit préférer. Ce choix est ce qu'il y a de plus essentiel. Pour convertir les champs en prairies, il y a différentes méthodes : la première est celle que l'on nomme communément la vieille méthode. Je la rappellerai, en citent les termes de *Columelle,* auteur dont je me plais à redire les savants préceptes, dans une matière qui, aux yeux des anciens, a une si grande importance. « De deux choses « l'une, ou nous voulons établir des prairies nouvelles, ou

[1] **Ac nec** campus concavæ positionis esse neque collis præruptæ debet : **ille ne collectam** diutius contineat aquam. (*Colum.* lib. II, cap. xvi.)

« nous voulons renouveler des prairies anciennes. Alors, il
« est quelquefois plus utile de labourer le fonds et d'y se--
« mer de l'avoine; pourvu que le sol soit pendant longtemps
« demeuré inculte, il produira une récolte abondante, et le
« terrain étant disposé dans un état de rotation convenable,
« nous y sèmerons, en automne, des fèves, des navets et des
« raves; l'année suivante, de l'avoine; la troisième année, il
« sera labouré avec soin et semé des plantes les plus vigou-
« reuses, telles que vesces et autres espèces semblables.
« Ensuite, le cultivateur répandra de la graine de foin. Les
« mottes seront brisées avec le rateau, et le sol sera nivelé
« en passant la herse par-dessus, de manière que l'instru-
« ment du faucheur ne puisse rencontrer des obstacles sur
« aucun point. Dans ce cas, la vesce ne doit pas être coupée
« avant qu'elle soit mûre et qu'elle ait jeté ses semences sur
« le sol. » C'est de la sorte que pratiquent encore aujourd'hui
une multitude de cultivateurs qui, voulant convertir le sol
en prairie, établissent d'abord une chanvrière qu'ils fument
avec profusion, et cette excellente méthode fournit une
grande abondance de sucs pour les prairies. Ces diverses
opérations deviennent indispensables pour les sols mal ni-
velés. J'ai toujours considéré le nivellement comme le travail le plus essentiel, si l'on veut obtenir un succès du-
rable.

Il est reconnu qu'une prairie, lorsqu'elle n'a pas d'écoulement bien préparé, doit éprouver un grave dommage par
l'action des eaux qui, devenues stagnantes, empêchent la
végétation des herbes de bonne qualité, au profit des joncs
et autres végétaux qui occupent leur place. La surface
d'une prairie doit ressembler au plan d'une table légère-

ment inclinée, de manière que l'eau puisse s'écouler lentement. L'expérience est venue me convaincre de la vérité de ce précepte. Avec des circonstances égales, j'ai toujours remarqué que les herbes étaient plus abondantes dans les prairies nivelées que dans les autres. Seulement, dans cette opération, sans laquelle il ne peut espérer une récolte de bonne qualité, le cultivateur doit avoir devant les yeux la nature du fonds qui demande de l'inclinaison à proportion de sa qualité argileuse. Mais que dirons-nous donc de ces nombreuses prairies dont la surface présente çà et là des buttes ou des cavités?... Il est trop vrai, en général, que les inconvénients des prairies les meilleures, situées le long des Apennins, proviennent en grande partie d'un nivellement défectueux. Or, si le nivellement est indispensable pour le succès des prairies, nous devons ajouter aussi qu'il ne l'est pas moins pour celui des champs à céréales.

La seconde méthode pour l'établissement des prairies est beaucoup plus rapide et présente sur la première cet avantage-ci, que le cultivateur obtient dans l'année, si les saisons ne sont pas anormales, un produit en fourrage qui rembourse le coût de la dépense première. Ce que je rapporte ici, je l'ai vu, et je le vois pratiquer chaque jour, dans les campagnes de *Reggio,* où cette nouvelle méthode réussit fort bien. Quand le froment est enlevé des champs, ou tout autre produit que ce soit (mais c'est dans les champs à céréales que l'on établit une prairie, pour l'ordinaire), le cultivateur laboure à la charrue, sur le chaume même, ou il enlève le chaume, quand la pénurie du fourrage l'exige. Il trace des sillons droits et profonds qui recouvrent entièrement toutes les herbes. Après trois semaines, il revient charruer de nouveau et répète deux fois ce même labour, puis il laisse ce terrain en repos jusqu'à la moitié de septembre. A cette époque, le cultivateur procède au nivellement, si le nivellement devient nécessaire. Pour cela, la méthode la meilleure, mais la plus dispendieuse, c'est de faire usage de petites charrettes vulgairement nommées brouettes. Quelques-uns se servent d'un tombereau qui transporte à la fois une plus grande quantité de terre. L'une et l'autre opération sont indispensables pour les terrains compactes. Du reste, une charrue bien dressée, avec laquelle on commence le nivellement, rend de grands services. Dans un sol léger, le cultivateur fait usage d'une machine plus simple, nommée *raggia* ou *cagna,* qui est décrite dans le volume XI des *Annales de l'agriculture de l'Italie,* par l'avocat Berra. Cette machine reçoit la terre, la transporte sur les lieux les plus bas que le cultivateur veut niveler. L'opération étant terminée, il devra herser avec soin en faisant usage d'une herse fort pesante. Ensuite il défonce profondément le sol à la bêche et le fume abondamment. C'est de ces deux opérations, bien ou mal pratiquées, que résulte toujours le succès ou l'insuccès des prairies. Les cultivateurs les moins prévoyants enfouissent le fumier à la charrue. Ces travaux étant terminés, vers la moitié ou la fin d'octobre, ils sèment ces nouvelles praires et recouvrent les semences à l'aide d'une herse légère, formée d'épines ou d'osier, afin d'enlever toutes les inégalités du sol. En faisant usage de cette méthode, le cultivateur retire une récolte de foin dès le mois de mai. Dans les premières éditions de mes *Éléments d'agriculture,* je ne pouvais encore citer que des expériences faites dans mon pays et sous mes yeux ; maintenant, je pourrais en ajouter beaucoup d'autres que j'ai vues dans les campagnes de *Bologne*, et j'en ai parlé dans mes *Annales,* comme on peut le voir, plus particulièrement dans le premier volume, et je ne les répète point ici parce qu'il n'est pas nécessaire de prouver l'utilité d'une méthode dont personne ne peut plus douter désormais.

A côté de cette prairie, je place la prairie nommée *Spianata,* dans l'ancienne province de *Milan.* La *Spianata* est dans une continuelle alternation et dure à peu près seize ou vingt mois. Quand le grain est enlevé, ce sol est rapidement converti en prairie, attendu l'abondance des semences de trèfle qui sont ensevelies dans cette terre. A l'instant de la récolte du chaume, on recueille encore l'herbe. Le cultivateur pratique des irrigations, s'il ne pleut pas dans la quinzaine, et cet arrosement répété fait que l'herbe devient plus vigoureuse. La fumure a lieu en novembre, et, l'année suivante, la prairie est en rapport. Si l'herbe est peu abondante, il sème du trèfle parmi le froment. Mais le nivellement est toujours de rigueur, tandis qu'il ne l'est pas dans la plaine qui produit du lin, où chaque semence pousse avec une énergie remarquable, car il n'y a pas de champs qui aient une réputation de fertilité, autant que les plaines de la *Lombardie.*

Les cultivateurs, dans tous les cas, doivent comprendre que les écoulements sont nécessaires à chaque espèce de prairie, et qu'il faut préparer avec un soin à peu près quotidien, les rigoles qui distribuent les eaux d'irrigation. Ils ne sont pas d'accord sur la question de savoir si l'on doit planter des arbres dans les prairies. Il paraît que cette méthode ne convient pas, en général, quand il s'agit d'arbres à fruits. Cependant, je dois déclarer ici que j'ai vu des prairies qui ne souffraient pas de la présence des arbres. La nature du sol et la qualité de l'arbre peuvent quelquefois déterminer l'agriculteur à admettre ou à rejeter la plantation. Les arbres à haute tige et qui ne projettent point leur ombrage dans la partie du midi ne sont pas nuisibles, selon moi, et ils peuvent même quelquefois favoriser la récolte du regain dans les prairies non arrosées, et dont la surface est aride.

CHAPITRE IV.

Erreur sur la quantité des fumiers nécessaires aux prairies. — Fumiers .les plus convenables. — Avantage de recouvrir les prairies de terreau. — Époque et manière de cette opération.

Il est évident qu'une prairie naturelle ou artificielle, ir-riguée ou non, ne produit pas du fourrage avec toute l'a-bondance dont elle serait susceptible, si le cultivateur ne lui applique pas des fumiers, ou s'il en applique une médiocre quantité. Partant de là, il ne doit donc pas négliger de fumer quelles que soient la quantité et la qualité des engrais dont il peut disposer. C'est ici le cas de répéter une objection que j'ai entendu faire par une foule de cultivateurs. Les uns pré-tendent que la pénurie des fumiers les empêche d'amender les prairies, tandis que les autres, au contraire, prodiguent les engrais et s'imaginent que cet excès de fumier convient davantage pour fertiliser les prairies. Le défaut d'argent pour acheter des fumiers effraye les premiers, et l'ignorance fait dépenser inutilement de fortes sommes aux seconds. Les uns et les autres apprendront comment ils peuvent re-tirer un grand avantage d'une petite quantité de fumier en recouvrant les prairies, et en y mêlant ses éléments à la terre destinée à cet usage. Aujourd'hui, je dis aux uns qu'ils prodiguent les engrais mal à propos. En effet, il est reconnu que les herbes ne peuvent lever qu'à une certaine profon-deur, qui est de quelques centimètres, et aussi que les herbes n'ont besoin que d'une quantité déterminée d'aliments, afin de parvenir à toute leur perfection. D'où il résulte qu'en répandant une trop grande quantité de fumier, celui qui pénètre plus profondément que les racines, demeure pour la plupart inutile, et que les plantes se dilatant de tous côtés, ne croîtront pas autant en éléva- tion, et que même, par l'effet de cette croissance rapide, produite par une surabondance de fumier, les herbes vieil- liront plus vite, et qu'il en adviendra, pour les prairies, ce que nous remarquons pour les fleurs que les jardiniers fu- ment beaucoup afin de les vendre plus vite, puis elles péris- sent en peu de temps. Ensuite, je crois qu'une fumure excessive est nuisible à la santé des plantes. Du moins, cet effet devrait être, selon les principes de la physique végé- tale. Or, dans ce cas, le fumier ne peut servir qu'à fécon- der davantage la couche inférieure, et, si le laboureur veut ensuite la cultiver en céréales, il lui faudra faire une grande dépense pour défoncer cette couche et la ramener à la su- perficie.

Les prairies doivent être considérées comme des champs couverts d'un mélange d'herbes, et, sous ce rapport, elles sont susceptibles d'une semblable amélioration. Du reste, comme un terrain argileux préfère les fumiers chauds, de même une prairie de cette qualité devra être fumée avec le fumier de cheval, d'âne, de mulet, des autres animaux ruminants et des volatiles. Que si le laboureur veut accroître la masse de ces fumiers, il devra choisir de préférence, dans les substances minérales, celles qui contiennent du quartz et du calcaire. La même opération devra encore être pratiquée pour les prairies qui, étant sujettes aux immersions, se rangent parmi les terres froides; pour elles, l'amendement le plus convenable, c'est la terre, avec le gypse. Je n'examinerai point ici l'opinion de Gallo. Ce célèbre agronome prétend qu'on doit répandre sur les prairies le fumier frais de cheval. Toutefois, je pense qu'il est moins utile de le répandre totalement décomposé sur les prairies irriguées dans un sol argileux que sur les prairies dans un sol léger et sec. Pour ces dernières, il convient d'employer le fumier de bœuf. De même on doit y ajouter des substances minérales, s'il est besoin d'accroître la quantité des engrais. Il faut éviter l'application des engrais en grande abondance, mais les appliquer peu à peu; c'est toujours une meilleure opération. Si la prairie a été renouvelée et déchirée avec la herse, c'est dans ce cas qu'il convient de faire usage d'un fumier bien décomposé. Il y a quelques substances qui méritent en général la préférence pour les prairies. La substance que l'on doit préférer, selon les anciens, c'est la fiente des brebis et des chèvres mélangée avec de la terre abreuvée d'urine qu'on retire des bergeries; il en est de même des balayures de fenils, ou de quelque autre lieu que ce soit où l'on a laissé se décomposer les corps végétaux. L'usage de la cendre, de la suie, et de la poudre de charbon est fort utile sur les prairies couvertes de mousses par l'effet de la vétusté, ou par l'humidité des lieux, lorsqu'on ne pense pas qu'il y ait un plus grand avantage à les convertir en champs à céréales. Le plâtre, répandu sur les prairies, et principalement sur les prairies composées de plantes légumineuses, produit en général les effets les plus surprenants, comme je l'ai déjà dit en parlant de la luzerne. Mon expérience m'a convaincu

que, de toutes les méthodes convenables pour l'amendement des prairies, la plus économique et celle qui mérite
la préférence, c'est l'urine[1]. Dans les allées de cette Université, qui sont formées des débris de briques et recouvertes d'un peu de terre, là où il s'élevait à peine quelques
brins d'herbes, le jardinier prit l'habitude d'y répandre
des urines de six mois en six mois; et cet arrosement a
suffi pour former des allées gazonneuses comme le tapis
vert d'une prairie. C'est aussi avec des urines que j'amende
les divers cantons de verdure du même jardin. Depuis que
je fais usage de cet engrais liquide, je conserve ces gazons
dans un excellent état, et je ne puis mieux faire que de
recommander cette pratique à tous ceux qui veulent améliorer leurs prairies avec la plus grande économie[2]. J'ai
parlé, dans le chapitre VIII du deuxième livre, des composts et des terreaux. Ces sortes d'engrais sont les plus éco-
nomiques, et en général les plus aptes à l'amendement des
prairies. Nul cultivateur, dans son intérêt, ne doit s'en
priver, et je conseillerai continuellement à chaque pro-

[1] En Suisse, les cultivateurs réunissent les urines dans des citernes creu-
sées sous les écuries, et, après un séjour plus ou moins long dans ces
réservoirs, ils les répandent dans les champs en forme d'arrosement, et
principalement sur les prairies artificielles et naturelles. Mais en Belgi-
que, on les fait absorber par de la paille, et on les mêle au fumier ordinaire. C'est peut-être la méthode la plus économique, toutefois, suivant
la qualité du sol. (*Note du traducteur.*)

[2] L'activité que l'urine communique à la végétation, lorsqu'elle est em-
ployée convenablement, est due aux substances salines dont l'urine est
chargée, et aux principes azotés qu'elle renferme. La composition chimique de l'urine varie pour chaque espèce d'animal, et même, dans chaque espèce, suivant l'état de santé, la nature des aliments et le séjour
plus ou moins prolongé dans la vessie. (*Note du traducteur.*)

priétaire de s'en procurer, à l'aide de la méthode que j'ai prescrite, une quantité proportionnée à l'étendue des prairies qu'il possède. Le cultivateur étend ce fumier sur le sol destiné à former une prairie, dans les premiers jours du printemps, quand il est décomposé et que, dans cet état, on peut croire qu'il sera plus favorable aux végétaux. Le fumier qui ne sera pas entièrement décomposé sera répandu sur la fin de l'automne. Le bon économe tâche de recouvrir la prairie en y répandant une couche très-légère sur toute la superficie. Quand le fumier est peu abondant, il ne faut amender qu'une portion, remettant l'amélioration des autres aux années suivantes, de manière qu'après un certain laps de temps la prairie soit entièrement recouverte sur tous les points. L'amendement dans les prairies en pente est déposé sur la partie la plus élevée. Cette opération concerne principalement les prairies de la montagne, pour lesquelles le cultivateur n'apporte pas les mêmes soins que ceux qu'il donne aux prairies de la plaine. Il dépose donc une moindre quantité d'amendement sur la partie la plus basse. Un autre mode d'amélioration pour les prairies, et qui est connu de l'antiquité, c'est celui de ne pas enlever la récolte du regain. Le regain fauché, et abandonné, se décomposant lentement sur place, preserverait la surface de la prairie des ravages de la gelée, protégerait la germination des herbes nouvelles et assurerait un meilleur produit pour l'année suivante. Mais cet amendement n'est permis qu'à un petit nombre de cultivateurs, et principalement dans les lieux qui ne manquent pas d'irrigations, puisqu'il s'agit de sacrifier le tiers ou le quart du produit de la récolte.

Il existe un procédé qui peut suppléer avec avantage à cette manière de fumer, et sur lequel nous possédons déjà un mémoire adressé à la Société des Géorgophiles de *Florence,* mémoire inséré dans le volume III de ses actes, et dont je donnerai ici un extrait. Il y a sept lustres environ (1795) que, dans les champs du territoire de *Reggio,* les cultivateurs firent la découverte de quelques couches de terre qui présentaient, au jugement des praticiens, toutes les *vertus précieuses* de pouvoir surmonter l'infertilité des terres de toutes les qualités. Ces couches, que des personnes peu intelligentes prirent d'abord pour de la marne, furent ensuite reconnues pour être composées d'une multitude d'éléments qui favorisent la végétation. On convint de les désigner sous le nom de terre de *cimetière* ou de *sépulture,* et c'est par ces motifs que nous en avons parlé dans le livre II. Répandue sur les prairies, cette substance produit des effets surprenants que l'on ne manque point d'attribuer à la vertu occulte de ces terres. Lorsqu'on s'occupait de la recherche de cette sorte de terre, les cultivateurs remarquèrent qu'une partie était susceptible de féconder le sol, tandis que l'autre nuisait aux prairies qu'elle rendait stériles. Dans les cantons où il était impossible de se procurer de ces terres, les cultivateurs suivirent l'usage de recouvrir les prairies de substances à peu près semblables, et ils remarquèrent une rapide augmentation des produits en foins; un bétail plus nombreux, les champs plus fertiles, une masse plus grande des fumiers. Cette distribution des fumiers diminuait, il est vrai, la culture des champs à céréales, mais le rendement des céréales se maintenait au même degré, et même quelquefois il augmentait encore; dès lors, tous les cultivateurs se mirent à l'envi à recouvrir les prairies, et il en résulta un avantage continuel. Depuis que j'ai composé le mémoire cité, il s'est écoulé dix-huit ans, et l'usage de cette pratique n'a pas diminué. Les habitants font des recherches de tous côtés pour découvrir ces couches de terre qui servent à féconder le sol.

Cette méthode d'amendement nous prouve qu'elle peut facilement être exécutée pour les prairies sur tous les points du territoire, et qu'elle est très-économique, quoique les cultivateurs regardent en général comme une dépense énorme, l'engrais de toutes les espèces de prairies. Si l'on veut opérer cet amendement, il n'est personne qui ne croie nécessaire de posséder quelques-unes des couches de terre de la qualité décrite ci-dessus. Je pense que, dans tous les lieux et en chaque terrain, les cultivateurs peuvent rencontrer une substance équivalente, et qui produit les mêmes avantages. Pour rendre ce résultat plus clair aux yeux de tous, il est utile d'indiquer en détail les bienfaits que produisent, sur les prairies, les substances dont je viens de parler.

Je pense que recouvrir de terre les prairies est une opération fort utile à leur fertilité, parce que les molécules terreuses opèrent d'une manière mécanique, et fournissent des principes alimentaires à la végétation. Par action mécanique, j'entends l'effet de cette couche légère de terre répandue sur le gazon, et qui s'insinue dans le sol dont elle vivifie toutes les parties terreuses. Cette double action me paraît indubitable, et je crois avec raison qu'elle est le principe de l'action fertilisante. On doit considérer encore

comme certain que si, parmi la plus grande partie des semences d'une prairie que l'on met à germer, quelques-unes
ont à peine besoin d'être recouvertes, il n'en est pas ainsi de
la majeure partie qui doit être préservée du contact immé-
diat de la lumière, de l'air, et de l'action trop vive des mé-
téores atmosphériques. Dans les prairies où il ne croît
qu'une sorte de plante, si elle n'est pas recouverte, elle
pourra germer, mais elle périra en croissant. Que si l'on
désirait une preuve de ce que nous avançons, nous n'avons
qu'à observer ce qui arrive dans une prairie où il tombe
naturellement beaucoup de feuilles en automne. Au printemps, si nous examinons attentivement la superficie, nous
remarquerons que là précisément où étaient tombées les
feuilles, l'herbe pousse plus épaisse et plus vigoureuse que
dans toute autre partie, et que le gazon en est plus beau.
Je sais aussi que la nature, toujours attentive à procurer, de
toutes les manières, la propagation de l'espèce, fait germer
et croître beaucoup de plantes dont les semences, j'en conviens, ne furent jamais recouvertes par la terre. Ensuite, si
nous observons attentivement cette végétation, nous remarquerons qu'elle est très-languissante, que les semences qui
en proviendront seront très-faibles, et produiront des
plantes plus faibles encore, et que la qualité de la prairie
en diminuera toujours. Mais il est encore une autre consi-
dération à faire connaître, c'est que la terre répandue préserve les prairies des rigueurs de la saison, et même elle a
l'avantage de faire germer les semences plus rapidement.
Ces deux bienfaits sont de la plus haute importance, non-
seulement durant le froid de l'hiver, mais plus particulièrement pendant les changements irréguliers de l'atmosphère,

au commencement de la nouvelle saison. Nous pouvons ajouter encore que la terre, si elle préserve les racines, leur sert aussi d'appui pour les fortifier, de manière que l'exercice de leurs fonctions ne reste jamais interrompu. Enfin, dans la multiplication des plantes, nous faisons usage de terre pour couvrir les rameaux, et nous remarquons que, la souche venant à périr, ou à donner de faibles scions, il surgit de nouvelles pousses. Ainsi donc, la terre appliquée sur les prairies aide à conserver et à fortifier les herbes dont le plus grand nombre périrait naturellement. En effet, jetons un coup d'œil sur les prairies sur lesquelles, après la dernière fauchaison en automne, le laboureur laisse vaguer le bétail, et nous verrons dans quel état pitoyable sont réduites les meilleures et en même temps les plus délicates herbes, dont quelques-unes sont écrasées, arrachées du sol, et toutes plus ou moins mutilées. Si d'un côté, la couche de terre les préserve de ces dégâts, de l'autre, elle procure encore cet avantage, celui de corriger insensiblement le défaut de la fertilité mécanique, en ajoutant des parties terreuses qui s'insinuent peu à peu dans la prairie. Cette opération est d'une haute importance, spécialement dans les lieux irrigués. La chaux, nous dirons mieux, la terre calcaire, cet élément qui constitue en grande partie la fertilité, est naturellement entraînée dans la partie la plus basse; ensuite ces sols se dépouillent facilement du sable qui, à la rigueur, ne forme qu'une partie de l'argile. Telle est l'explication de la manière qui rend les plâtras si favorables aux prairies. J'ai remarqué que dans ce pays, où, comme je l'ai dit ci-dessus, j'ai vu naître et prospérer la pratique d'amender les prairies avec de la terre, en fai-

sant indistinctement l'application des diverses qualités de
terre, l'effet était entièrement contraire, et causait du dommage au lieu de procurer du bénéfice; c'est ce que j'ai
exposé dans un mémoire inséré au deuxième volume des
Annales de l'agriculture. Ce résultat funeste provient de ce
qu'on répand de la terre argileuse sur des sols froids,
et des terres à bases siliceuses ou calcaires sur des sols
chauds.

Il est vrai que les terres de *cimetière* ou de *sépulture*
abondent en principes alimentaires pour les végétaux, et
qu'elles ajoutent une quantité de carbone qui les rend très-
fertilisantes. Ensuite, après avoir observé très-attentivement
ce travail, j'ai remarqué que l'application de ces terres
n'exclue pas non plus la fumure des engrais accoutumés,
bien que, pendant un temps, le cultivateur doive dimi-
nuer cette fumure ou la rendre plus légère. Je conviens
que les éléments dont ces terres sont imprégnées, étant
tirés des substances animales, produisent auprès de certaines plantes un puissant amendement, mais on n'en doit
pas moins conclure que l'action qui provient de ces excel-
lentes terres, est en grande partie une action mécanique.

Nous examinerons, maintenant, combien il est facile et
économique de rendre cette pratique universelle. Tout cultivateur conviendra, avec nous, que le bienfait qui résulte
pour les prairies du recouvrement de la terre sur les racines des herbes, peut également être produit par toute
autre sorte de terre; ce qui fait que ce bienfait ne peut
donc manquer en aucun cas. Il est très-vrai que la négli-
gence du cultivateur dans le choix de la terre est loin
d'ajouter à la fertilité mécanique des prairies, et que même

il en résultera du préjudice ; mais ce défaut peut être supprimé, s'il n'est pas diminué, en incorporant à la terre appliquée des substances qui servent à la modifier. Ensuite je trouve qu'il n'y a rien de si difficile que de se procurer des terres de nature différente du fonds que l'on veut amender, il vaudrait mieux faire la dépense de fouiller quelques carreaux de terre pour accroître le produit d'une prairie. Mais je pense qu'il est à peu près impossible que le cultivateur ne trouve pas le moyen de corriger la mauvaise qualité d'une terre dont il est obligé de faire usage. Partant de là, je dois conclure qu'il n'est ni difficile ni dispendieux de préparer une telle couche pour amender une prairie.

J'ai déjà dit que, dans les couches de terre mentionnées ci-dessus, nous rencontrons encore des éléments nutritifs, qui agissent pour accroître la fertilité chimique de la prairie. Mais il n'est pas d'opération plus facile que celle d'unir le fumier à la terre et de se procurer un amendement convenable. Comme il est indispensable de fumer plus ou moins une prairie, on peut voir en même temps que la manière de mêler le fumier à la terre, fournit tous les sucs qui lui sont transmis et dont il n'est perdu aucune particule pour la plante. Il est certain, en effet, que le fumier seul, appliqué aux prairies, est en partie dissipé par les rayons solaires qui en absorbent les parties les plus utiles, ou qui en arrêtent la décomposition en le desséchant, s'il ne perd pas de son énergie étant délayé par les pluies. Mais incorporé à la terre, il est préservé de ces accidents. Si, à l'aide d'un calcul facile, le cultivateur veut se rendre compte de la perte du fumier exposé à l'air sur la prairie, qu'il la compare à celui qui est uni à la terre,

nous serons convaincu que ce calcul est en faveur de la
seconde méthode. Il est reconnu que dans les lieux où est
introduite la coutume de recouvrir de terre les prairies, en
calculant même la petite quantité de fumier que l'on fait
entrer dans les composts préparés pour cet objet, ce
fumier lui-même n'est qu'*une petite quantité qu'on re-
tranche de la masse destinée primitivement à l'engrais des
prairies*. Mais, en retour, ce fumier épargné sera employé
plus avantageusement sur les terres qui produisent des
céréales. J'ai observé que, dans beaucoup de ces fonds, le
maïs réussit mieux qu'auparavant, par l'emploi de la différence du fumier qui est épargné sur les prairies ; et le
cultivateur, par suite de l'amélioration de ces prairies peut
nourrir une plus grande quantité de bétail. Si le cultivateur
ne peut mêler du fumier à ces terres, il se procurera
des feuilles d'arbres, des herbes de fossés, des débris de
matières animales et végétales, et les mettra à fermenter
dans la masse de terre destinée à recouvrir les prairies, ce
qui peut les rendre aptes à produire les mêmes effets que
les terres de cimetière. Enfin les composts, dont on peut
voir la composition dans le second livre de ces *Éléments
d'agriculture* où il en est traité longuement, servent au
même usage.

A présent, voyons comment on doit procéder dans l'exécution. Je divise les prairies en deux classes principales, savoir : en chaudes et en froides. La terre que l'on destine à
recouvrir ou l'une ou l'autre de ces prairies doit être d'une
qualité différente de la terre, sur laquelle elle doit être répandue. Le cultivateur tâche d'y suppléer, s'il est possible,
quand il ne peut se procurer de la terre d'une qualité con-

venable. Cet amendement, pour être préparé, exige au moins douze mois ; dix-huit mois ne seraient pas trop. Je crois devoir donner pour certain que la quantité doit être telle qu'elle puisse recouvrir de l'épaisseur de deux centimètres la superficie du sol. Lorsqu'on veut être assuré que ce mélange produise tous les effets possibles, il convient de mêler six parties de terre et quatre de fumier, et de laisser ce mélange se décomposer, si le fumier est récent.

On peut amender les prairies de la sorte, principalement en deux saisons. La meilleure saison est l'automne, après l'enlèvement du regain. Je recommande, après la dernière récolte de foin, de ne pas permettre l'accès de la prairie au bétail, mais de la recouvrir aussitôt. Le terrain ne doit pas être baigné, mais un peu sec. Je recommande aussi que la terre répandue soit médiocrement humide, de manière qu'elle puisse s'ameublir plus facilement. Car l'opération, sans l'ameublissement, ne réussirait pas comme elle le devrait. Cette terre ou compost doit être disposée par monceaux d'égale grosseur, on la répand à la pelle, et ensuite le cultivateur passe une herse sur le terrain à l'effet de le niveler. Pendant cette opération, il est d'une extrême importance d'enlever les cailloux et les pierres qui pourraient se rencontrer dans le compost. Lorsqu'il s'agit de pratiquer cette opération sur une prairie inégalement nivelée, il devient urgent alors de suivre les règles générales, c'est-à-dire de déposer une quantité plus grande de compost sur la partie supérieure que sur la partie inférieure. Une herse traînée sur cette prairie, dont elle ratisse toute la surface assez légèrement, donnera un fort bon succès. Quand la prairie sera amendée de la sorte, il n'en faut permettre l'accès à aucune espèce de bétail. Quelques laboureurs pratiquent cette méthode au printemps. J'en ai vu faire cette opération dans une prairie irriguée, en été, après l'enlèvement du foin et aussi après la fauchaison du regain. Dans l'un et l'autre cas, l'effet fut très-heureux. Du reste, je crois qu'on devrait préférer l'automne. Le cultivateur ne doit recouvrir les prairies de la sorte qu'en alternant d'une année à l'autre. Dans l'année qui suit celle du recouvrement, le fumier devient nécessaire, et l'on peut épargner le tiers du fumier à l'aide de cette économie. L'observation qui suit est encore excellente à connaître. Après un certain nombre d'années, l'avantage de recouvrir les prairies devient insensiblement nul, s'il ne devient pas quelquefois nuisible. D'où peut provenir ce préjudice? De ce que le cultivateur ajoute toujours des substances terreuses de qualité identique à la terre qu'il veut amender. Le fait de cette adjonction produit précisément la stérilité. Cette remarque confirme ma théorie et doit mettre en garde les agriculteurs qui, après cinq ou six opérations, commencent à amoindrir la quantité des substances qui entrent dans le compost. Le fumier décomposé, suivant le précepte de *Columelle,* s'applique aux prairies sur la fin de l'hiver.

J'ai donné à ce chapitre une étendue un peu plus longue, étant persuadé par ma propre expérience et par celle de beaucoup de cultivateurs, que s'il n'est rien de plus lucratif que l'amélioration et l'établissement des prairies, ces travaux doivent être exécutés par des manouvriers intelligents et payés à la journée, hormis dans certains cas exceptionnels, par exemple, lorsqu'on fume et qu'on recouvre en même temps. J'ose croire que les conseils nombreux que j'ai donnés dans ce chapitre ne seront pas inutiles à mes concitoyens, dans les lieux situés à la droite du *Pô* et dans le nord de l'Italie [1].

[1] Depuis la fin du dernier siècle, les leçons du savant professeur ont ajouté aux progrès de ces prairies en perfectionnant les améliorations, soit à l'aide des engrais, soit avec les irrigations, méthode en usage dans tous les cantons de la *haute Italie ;* certes, ces doctrines n'ont pas été inutiles ailleurs, surtout en *Bretagne,* et notamment dans l'arrondissement de *Nantes.* On y peut citer la commune de *Sautron,* localité où le propriétaire des taillis de *la Paquelaie,* vieil aménagement improductif, a fait arracher les souches pour convertir le sol en terres arables et en prairies devenues fertiles, d'après le système des irrigations. Parmi ces broussailles, où naguère le bûcheron abattait à peine, de sept ans en sept ans, quelques milliers de menus fagots, sont venus habiter d'habiles cultivateurs. Grâce à l'activité de leurs travaux et à leur intelligence de l'art, ces hommes ont su modifier la nature du sol, et lui rendre son antique fertilité, que l'inexpérience prétendait anéantie pour toujours. Çà et là, jaillissaient des sources abondantes que nos pères avaient dédaignées, les croyant inutiles à l'amélioration du sol ; eux ne les ont pas jugées ainsi. Au contraire, ils les ont rendues précieuses au terrain qu'elles pouvaient endommager auparavant. Leur adresse s'est appliquée d'abord à réunir la masse de ces eaux, et ensuite à les diriger par de nombreux canaux sur tous les points, éminents et surbaissés, du domaine. Tantôt coulant en filets imperceptibles, tantôt déversant en larges nappes, ces sources ont facilité, sur le versant de la colline, l'établissement de plusieurs prairies, les unes au-dessus des autres, et qui diffèrent par l'usage des produits. Cette œuvre de persévérance a été couronnée, contre l'attente générale, du succès le plus inespéré. Aussi, l'abondance des récoltes, leur variété, et surtout la qualité des herbes, sont-elles un sujet continuel d'étonnement et de réflexions parmi les laboureurs du voisinage, qui viennent, chaque jour, visiter la maison, les champs et les prairies de la ferme du *Grand-Bois. (Note du traducteur.)*

www.ingramcontent.com/pod-product-compliance
Lightning Source LLC
LaVergne TN
LVHW010447060726
842527LV00005B/1735

21 Décembre 84,

V

VENTE JUDICIAIRE

D'UN

TRÈS RICHE ET ÉLÉGANT

MOBILIER

DE DIFFÉRENTS STYLES

MAGNIFIQUES TENTURES

MEUBLES D'ART ET DE FANTAISIE

BRONZES

COLLECTION DE FAIENCES ANCIENNES

AQUARELLES MODERNES ET TABLEAUX

LIVRES

—

EXPOSITION PUBLIQUE

Le Dimanche 21 Décembre 1884, de une heure à cinq heures.

COMMISSAIRES-PRISEURS

Mᵉ DUBOURG | Mᵉ GUIDOU
rue Laffitte, 9 | rue des Pyramides, 29

EXPERT

M. B. LASQUIN, rue Laffitte, 12.

—

PARIS — 1884

CATALOGUE

D'UN

TRÈS RICHE ET ÉLÉGANT

MOBILIER

DE DIFFÉRENTS STYLES

MEUBLES D'ART ET DE FANTAISIE

Très jolis Sièges garnis de riches étoffes

PIANO A QUEUE D'ÉRARD, HARPE LOUIS XVI

MAGNIFIQUES TENTURES EN VELOURS ET EN SOIE

Bronzes d'ameublement, Sculptures

COLLECTION DE FAIENCES ANCIENNES

FRANÇAISES ET ÉTRANGÈRES

PORCELAINES ANCIENNES

De la Chine, du Japon et de Saxe

AQUARELLES MODERNES & TABLEAUX

TAPIS EN MOQUETTE, CARPETTES ORIENTALES

Bonne Literie, Vaisselle, Verrerie, Linge de maison

LIVRES

DONT LA VENTE AURA LIEU

EN VERTU D'UNE ORDONNANCE DE RÉFÉRÉ

A la requête de M. HUE, Administrateur judiciaire

HOTEL DROUOT, SALLE N° 2

Les Lundi 22, Mardi 23 et Mercredi 24 Décembre 1884

A DEUX HEURES

Par le ministère de M⁰ **DUBOURG**, Commissaire-Priseur,
rue Laffitte, 9,

Et de M⁰ **GUIDOU**, son Confrère, rue des Pyramides, 29,

Assistés de **M. B. LASQUIN**, Expert, rue Laffitte, 12,

CHEZ LESQUELS SE TROUVE LE PRÉSENT CATALOGUE.

EXPOSITION PUBLIQUE

Le Dimanche 21 Décembre 1884, de une heure à cinq heures.

PARIS — 1884

D 05412

CONDITIONS DE LA VENTE

Elle sera faite au comptant.

Les Acquéreurs paieront CINQ POUR CENT en sus des enchères.

L'Exposition mettant le Public à même de se rendre compte de l'état des Objets, il ne sera admi aucune réclamation l'adjudication prononcée.

ORDRE DES VACATIONS

Le Lundi 22 Décembre, à 2 heures

Faïences et Porcelaines anciennes.
Aquarelles et Tableaux.
Bronzes d'art et sculptures.
Meubles d'art.

Le Mardi 23 Décembre

Livres.
Bronzes d'ameublement.
Mobilier.
Tentures.

Le Mercredi 24 Désembre

Vaisselle et Verrerie.
Linge, Literie.
Meubles de lingerie et de cabinet de toilette.
Meubles de cuisine, etc., etc.

DÉSIGNATION

FAIENCES ANCIENNES

DE DIVERSES FABRIQUES

1 — **Delft doré.** Très belle Assiette décorée en bleu
et rouge et rehaussée d'or. Au centre, une
Corbeille de fleurs dans un encadrement circulaire à double lambrequin ; la bordure est
également ornée d'un lambrequin formé de
trilobes bleus et rouges alternés. Marque A P K.

2 — **Delft doré.** Belle Assiette représentant : au
centre, trois Pêcheurs près d'une barque,
dans un médaillon circulaire. Celui-ci est
entouré d'une large bordure, à fond bleu,
sur laquelle sont réservés quantité de petits
sujets, Paysages, Animaux et fleurs de style
japonais ; une petite guirlande de feuillages
orne la bordure. Au revers, une couronne et le
nom de D Y V V E R.

3 — **Delft.** Deux Fromagers et leurs Plateaux à
décor bleu, de style Chinois.

4 — **Delft.** Quatre Assiettes à bord festonné, décor
bleu à arbustes au centre et ornements au
marli.

5 — **Delft.** Deux Bouteilles à décor bleu, de style
chinois.

6 — **Savone.** Applique ovale ornée d'un écusson au
centre et de feuillages en relief sur la bordure.

7 — **Savone.** Grand plat rond à décor bleu avec
écusson armorié, soutenu par deux Amours
au centre et palmettes en relief rayonnant
sur la bordure.

8 — **Savone.** Petit Plat godronné décoré de Figures
dans un Paysage.

9 — **Novi.** Deux petits Plateaux de forme hexagonale.

FAIENCES FRANÇAISES

10 — **Marseille.** Six très jolies Assiettes décorées de
Paysages maritimes et de sujets à figures
chinoises très finement peints en couleurs
et encadrés par des ornements en camaïeu
rose surmontés d'oiseaux ; le bord contourné
est rehaussé d'une bande de hachures bleues
et de fleurettes.

11 — **Marseille**. Plat rond à contours, décoré de Roses et d'OEillets.

12 — **Aprey**. Deux Assiettes très finement décorées de Bouquets de Roses en couleurs.

13 — **Aprey**. Grand Plat à bordure contournée à rocailles en relief, décoré de fleurs.

14 — **Rouen**. Porte-huilier ovale à décor bleu et rouille à arabesques et réserves quadrillées.

15 — **Rouen**. Porte-huilier, décor polychrome à fleurs et à deux mascarons en relief sur les côtés.

16 — **Rouen**. Belle Assiette à contours, décor polychrome à lambrequins de fleurs au pourtour, Corbeille oiseau et papillon au centre (Collection Lefrançois).

17 — **Rouen**. Assiette à contours, décor polychrome, oiseaux aquatiques et fleurs.

18 — **Rouen**. Assiette contournée et deux Compotiers à bord festonné, à décor polychrome dit à la Corne d'Abondance.

19 — **Rouen**. Beau Plat rond, décor polychrome à la double Corne d'Abondance, fleurs et oiseaux.

20 — **Rouen**. Plat oblong à contours, décor polychrome à fleurs et papillons.

21 — **Rouen**. Soupière oblongue à décor polychrome à la corne.

22 — **Rouen,** Bannette oblongue à angles coupés et
à deux anses, décor bleu et rouille à corbeille
au centre et bande de fleurs et quadrillages à
la bordure.

23 — **Rouen,** Assiette décor bleu et rouille à lambrequin au marli, avec les chiffres entrelacés L G
au centre.

24 — **Strasbourg.** Très grand et beau plat à contours,
décoré de bouquets de fleurs en couleurs.
Marque de Hanongue.

25 — **Strasbourg.** Grand Plat long à contours, décoré
de fleurs en couleurs. Marque de Hanongue.

26 — **Strasbourg.** Grand Plat rond décoré de fleurs en
couleurs.

27 — **Strasbourg.** Pot à eau décoré de fleurs.

28 — **Strasbourg.** Deux grands plats ovales et deux
plats ronds à bord contourné décorés de roses.
Marque de Hanongue. — Ce lot sera divisé.

29 — **Strasbourg.** Deux Assiettes décorées de figures
chinoises et de papillons.

30 — **Strasbourg.** Onze Assiettes décorées de fleurs.

31 — **Marseille.** Deux jolies Assiettes décorées en
couleur : l'une d'un Danseur, l'autre d'une
Danseuse dans des paysages.

32 — **Nevers.** Grand et beau vase ovoïde à deux anses
torsades, piédouche et couvercle. — Il est
décoré d'un sujet pastorale en bleu et manganèse.

33 — **Sinceny**. Bannette oblongue à angles coupés, à
décor polychrome, bordure quadrillée et fond
à fleurs.

34 — **Sinceny**. Assiette à décor polychrome à kiosques
au centre et bordure quadrillée à quatre réserves.

35 — **Sinceny**. Assiette de décor analogue.

36 — **Moustiers**. Deux petits Plats ovales à bordure
contournée, décorés de fleurs en couleurs.

37 — **Moustiers**. Deux Assiettes de même décor.

38 — **Moustiers**. Plat ovale à contours, décoré de grotesques en camaïeu bistre. Marque d'Olery.

39 — **Moustiers**. Plateau à contours et anglés saillants
à décor bleu, d'après Berain.

40 — **Moustiers**. Deux petits Plats oblongs décorés de
grotesques en camaïeu manganèse. Marque
d'Olery.

41 — **Moustiers**. Grand Plat ovale à contours, décoré
en bleu d'une armoirie au centre et de festons
de fleurs à la bordure.

42 — **Moustiers**. Soupière oblongue à contours et
décor polychrome à festons de fleurs.

43 — **Moustiers**. Deux jolies Assiettes décorées de
figures d'Amours dans des trophées.

44 — **Niederviller**. Jardinière, forme demi-ronde,
décorée de trois paysages en camaïeu bleu et
de pilastres ornés en rose.

45 — **Niederviller**. Deux Jardinières d'applique à deux anses grecques, décorées de paysages en camaïeu rose.

46 — **Niederviller**. Petite Soupière ovale et son Plateau, décorés en camaïeu rose de paysages et figures.

47 — **Niederviller**. Grande Jardinière ovale à ornements Louis XVI en camaïeu bleu et rehaussés d'or.

FAIENCES DIVERSES

48 — Plat en faïence hispano-arabe à reflets. XVIᵉ siècle.

49 — Plat creux en faïence hispano-arabe à godrons figurés sur le bord.

50 — Plat rond en faïence siculo-arabe à reflets, décor rayonnant.

51 — Deux Bols en faïence persane, décor en couleurs sur fond gaufré.

52 — Plat ovale en faïence allemande à oreilles formées de coquilles, décor polychrome à fleurs, oiseaux et arbustes.

53 — Plat à côtés contournés, décoré en couleurs de tiges de fleurs et de papillons.

54 — Jardinière hexagonale en faïence moderne, décor
émaillé de style chinois.

55 — Deux Vases balustres, genre chinois, en faïence
de Deck, fond vert olive, à ornements en
relief.

56 — Faïences non cataloguées.

———

PORCELAINES ANCIENNES

57 — Très belle Potiche en vieux Chine, décorée en
émaux de la famille verte, offrant sur la
panse quatre compartiments encadrant chacun
un vase de fleurs et ornés de foangs dans
des arabesques noires sur fond vert.
Le bas est divisé en huit autres compartiments à paysages, animaux et poissons ; la
gorge est ornée de rinceaux et de fleurs et le
couvercle est surmonté d'une Chimère.

58 — Jardinière ronde en porcelaine de Chine, décor
bleu à personnage, oiseau et arbustes.

60 — Deux Plats ronds en vieux Japon, décorés de
chrysanthèmes et d'arbustes en bleu rouge
et or.

61 — Petit Plat en vieux Japon, décoré en couleurs et
rehaussé d'or, à corbeille de fleurs au centre.

62 — Grand et beau Plat rond en vieux Japon, décoré
en bleu rouge et or, bordure à quatre compartiments de kiosques et d'arbustes réservés sur
fond bleu à fleurs. Au centre, une vasque de
chrysanthèmes.

63 — Vingt-trois Assiettes de différents décors, en
émaux de la famille rose. et autres en vieux
Chine.

64 — Plat en vieux Chine, décoré de fleurs et d'oiseaux, en émaux de la famille rose.

65 — Deux Assiettes à bordure gaufrée et à décor de
fleurs en vieux Saxe.

66 — Deux Assiettes en Saxe, à médaillons qua-
drilobés, représentant des paysages maritimes, réservés sur fond bleu, bordure rehaussée d'or.

67 — Deux beaux Groupes en vieux Saxe : Oiseaux de
proie dévorant, l'un un oiseau, l'autre un rat.

68 — Groupe de trois Figures en terre de Lorraine.

69 — Ecuelle à deux anses et à couvercle en vieux
Saxe, décorée en couleurs, de fleurs et de
branchages en relief.

70 — Théière en vieux Saxe, décorée de deux sujets
figures et animaux.

71 — Tasse et Soucoupe, décorée de fleurs en camaïeu
rose, en vieux Sèvres pâte tendre.

72 — Deux Assiettes en porcelaine de Chantilly, décorées d'oiseaux et de rochers fleuris, de style coréen.

73 — Deux petites Soupières ovales à côtes en relief en porcelaine de Lattaye, décorées d'oiseaux et d'insectes.

74 — Soupière et son Plateau à décor bleu, en porcelaine de Tournay.

75 — Grande Chope en vieux Saxe, décorée d'animaux dans un paysage maritime, couvercle en argent repoussé.

76 — Tasse et son présentoire en porceloine de Niederviller, décorée de guirlandes rubannées en couleurs et rehaussées d'or.

77 — Tasse de même forme et son présentoire, décorée d'oiseaux et de rehauts d'or.

OBJETS DIVERS

78 — Deux Carafons, un Gobelet et un Plateau en ancien verre de Bohème doré.

79 — Soupière Louis XVI en étain à guirlandes et rubans.

80 — Deux Girandoles, à cinq lumières, en fer forgé. soutenues par des lions héraldiques debout en faïence de Nancy.

81 — Petit Écran chinois en jade blanc dans une monture en bois de fer découpée à jour.

82 — Petit Groupe en jade blanc : Singe monté sur un cheval couché, travail chinois.

83 — Terre cuite : l'Amour, par Auguste Moreau.

84 — Terre cuite : l'Enfance de Bacchus, par Rougelet.

AQUARELLES ET TABLEAUX

85 — **Benassit.** Piqueurs.

86 — **Brown (Lévis).** Chasse à courre (Aquarelle).

87 — **Cabel** (Van der). Ports de mer animés de figures, deux pendants de forme ronde.

88 — **De Penne.** Chiens (Aquarelles).

89 — **De Penne.** Cavaliers et Chiens (Aquarelle).

90 — **Gourzon.** Enfants de chœur.

91 — **Le Blant.** Vendéens (Aquarelle).

92 — **Locatelli.** Le Repos des bergers.

93 — **Véron**. Fêtes Louis XV, deux pendants.

94 — **Puile** (**H.**). Bouquets de fleurs (deux Aquarelles).

95 — **Terburg** (d'après). Jeune Femme à sa toilette.

96 — Paysage.

97 — Sujet religieux. Peinture sur panneau.

AMEUBLEMENT

—

MEUBLES DE SALON

98 — Piano à queue en palissandre, de **Erard** (n° 55633).

99 — Belle Harpe du temps de Louis XVI, en bois sculpté, doré et laqué à décor de figures et kiosques dans le goût chinois; elle est de forme gracieuse et porte la signature de : **H. Naderman, à Paris.**

100 — Belle Console, demi-lune, en bois sculpté et doré d'une riche ornementation. Le bandeau à rinceaux et mufles de lion surmonte une belle guirlande de feuilles de chêne et repose sur quatre pieds à cannelures, reliés à leurs base par une tablette horizontale supportant un trophée d'attributs guerriers. Dessus en marbre blanc.

101 — Très bel **Ameublement** de salon en bois de noyer
sculpté à rehauts d'or, dans le style Louis XIV
et recouvert en velours à larges ornements,
fleurs et feuillage, en relief, ton grenat sur
fond rouge feu. Il se compose de : un canapé,
quatre fauteuils, une bergère et deux chaises.

102 — **Grande Table** rectangulaire en noyer sculpté et
rehaussé d'or, de style Louis XIV ; le bandeau
à lambrequin est supporté par quatre pieds
carrés contournés. Dessus en peluche rouge.

103 — Très petite **Table** de même modèle.

104 — Bel **Écran** en bois sculpté et doré, à dragons,
rocailles et fleurs, de style Régence. La feuille
est décorée au vernis genre Martin d'un groupe
d'Amours ressortant sur fond aventuriné.

105 — **Canapé** recouvert de lampas à bouquets de fleurs
sur fond blanc ; manchettes et bande en guipure de toile enrichie de bouclés d'or.

06 — **Paravent** à quatre feuilles, style Louis XV, en
noyer surjeté à filets dorés et garni en étoffe
de soie brochée à fleurs et festons sur fond
rose. Le haut des feuilles est à glaces biseautés.

107 — **Table-étagère** garnie en peluche rouge ornée de
franges à houppettes.

108 — **Paravent** à quatre feuilles en étoffe chinoise, soies
de couleurs sur fond jaune, représentant le
dragon à cinq griffes au milieu des nues. Revers
en satin bleu.

109 — Glace à fronton, le milieu à biseau, l'encadrement à dragons, feuillages et moulures en bois doré et entre-deux de glaces.

110 — Petit Paravent à quatre feuilles en bois sculpté et doré, de style Louis XV; les panneaux sont décorés aux deux faces de scènes galantes dans le goût du xviiie siècle, au vernis genre Martin, encadrés de rocailles en dorure et d'une bande verte unie.

MEUBLES D'ART ET DE FANTAISIE

111 — Jolie Vitrine d'entre-deux en bois de noyer finement sculpté à entrelacs et fleurons en relief et moulures à oves et godrons, avec rehauts de dorure. Dessus en marbre vert de mer. Tablettes et fond garnis en velours grenat.

112 — Petite Vitrine horizontale en forme de table, à pieds cannelés reliés par deux croisillons en X; elle est en bois d'acajou garni de moulures et d'ornements rapportés, en bronze ciselé et doré de style Louis XVI.

113 — Table de style Louis XIII, en bois noir à décor de fleurs et de rinceaux en marqueterie de bois de couleurs. Pieds tors reliés par une traverse en X. Moulures incrustées d'ivoire.

114 — Encoignure à portes cintrées, en bois rose, marqueté à fleurs et flanquée aux angles de colonnettes cannelées et engagées. Dessus en
marbre, brèche avec entourage à galerie et
lambrequins en bronze ciselé et doré.

115 — Console d'angle en bois sculpté à enroulements;
dessus en marbre.

116 — Meuble-Vitrine surmonté d'une étagère en laque
du Japon, décor à figures, kiosques et arbustes,
en dorure sur fond rouge aventuriné.

117 — Écran en bois sculpté, noir et or, style Louis XV,
garni d'une feuille en tapisserie au point, à
bouquet dans une bordure ornementée.

118 — Petite Table de style chinois à ornements dé-
coupés, tablettes d'entre-jambes et dessus en
marbre brèche d'Alep.

119 — Table à tablette d'entre-jambes, entièrement recouverte en velours garni de franges.

120 — Jolie petite Table en noyer sculpté supportée par
quatre colonnettes cannelées à chapiteaux.

121 — Beau Meuble à hauteur d'appui à deux vantaux
surmontés de tiroirs, plaqué d'ébène et décoré
de vases, fruits, oiseaux, rinceaux en incrus-
tation d'ivoire.

122 — Table à thé en laque du Japon à décor d'oiseaux
et de fleurs, en dorure sur fond noir.

123 — Jeu de trois Tables en laque de Chine, à décor en
dorure sur fond rouge.

124 — Jolie petite Table, forme Rognon, à pieds
Louis XV, avec tablette d'entre-jambes, en
acajou moucheté, garnie de chutes, fleurons et
moulures à perles en bronze ciselé et doré. Le
dessus est en brocatelle fleurie entouré d'une
galerie de cuivre ajouré.

125 — Petite Table à ouvrage, carrée et à trois tiroirs,
en palissandre entièrement laquée et garnie de
chutes et moulures en bronze doré ; elle est décorée dans le genre vernis Martin, de groupes
d'Amours et d'attributs champêtres sur fond
vert.

126 — Table-Guéridon en bois doré, à deux tablettes
circulaires portées par trois montants cannelés.
La tablette supérieure est décorée au vernis
genre Martin, d'un groupe d'Amours d'après
Boucher, celle du bas offre un bouquet de roses
sur fond or.

127 — Vitrine en bois d'acajou incrusté de filets de
cuivre poli et ornée de deux colonnes cannelées
aux angles de la façade. Dessus à galerie.

128 — Petite Table à ouvrage, de forme Louis XV, en
bois de placage marqueté à bouquet et guirlandes de fleurs, et garnie de moulures chutes
et sabots en bronze ciselé et doré.

129 — Très petite Table hollandaise en marqueterie de
bois à fleurs.

130 — Petit Écran recouvert en peluche bleue avec
feuille en soie rosée à fleurs et tablette
s'abattant.

131 — Bahut à hauteur d'appui ouvrant à un battant, en bois noir, incrusté d'ornements en ivoire gravé.

132 — Petite Table à ouvrage de forme carrée genre Louis XV en bois satiné, ornée de bronzes dorés ; elle ouvre à trois tiroirs dont deux sur la face et un sur le côté.

133 — Petit Bureau de dame de style Louis XV en bois de rose marqueté orné de bronzes, il ouvre à cylindre et le dessus est garni d'une tablette de marbre, brèche entourée d'une galerie de cuivre.

134 — Petite Commode Louis XVI à trois rangs de tiroirs, en bois satiné, marquetée à filets et ornée de bronzes.

135 — Petit Cabinet en palissandre, contenant six tiroirs plaqués d'écaille.

136 — Petite Table carrée en acajou à pieds cannelés reliés par un entre-jambe.

137 — Petite Armoire d'applique pour cigares en bois sculpté à groupes de fruits et ornements.

138 — Petite Table ovale à pieds contournés de style Louis XV, en bois de rose, marquetée à bouquet de fleurs sur le dessus et garnie de têtes de béliers et de sabots en bronze doré.

139 — Glace de style Louis XIV à bordure ajourée en bois sculpté et doré à fleurs, feuillages et coquilles.

140 — Petit Ecran à quatre feuilles en gros de Tours du temps de Louis XV à fleurs brodées sur fond jaune, revers et garniture de peluche en soie cramoisie.

141 — Petit Ecran à deux feuilles garni d'étoffe japoponaise.

142 — Petit Guéridon hexagone garni de peluche, vert olive, sur trois pieds croisés.

143 — Petite Commode Louis XV à deux tiroirs en bois laqué, à paysage chinois, garnie de chutes en bronze ciselé et doré, dessus de marbre brèche de Flandre.

SIÈGES

144 — Fauteuil Duchesse, de forme Louis XV en noyer sculpté à fleurs en relief et recouvert en lampas à fleurs sur fond blanc.

145 — Autre de jolie forme à ornements et fleurs sculptés et relevés d'or: il est garni en satin broché, jaune d'or, à fleurs.

146 — Fauteuil bas capitonné et recouvert en peluche et velours frappé à vases et arabesques.

147 — Tabouret de piano en palissandre recouvert en tapisserie au point.

148 — Fauteuil à dossier bas en noyer sculpté et relevé
d'or, recouvert en velours vert uni et garni de
bandes de velours ponceau.

149 — Deux jolies chaises à dossier ajouré en noyer de
style Louis XV, relevé d'or, elles sont couvertes en velours cramoisi, brodé à fleurs.

150 — Chaise basse en noyer à filet d'or, garni en velours vert émeraude et à rinceaux de soie de
couleur, style Renaissance.

151 — Petite Chaise hollandaise en bois marqueté avec
coussin d'ancienne soierie tissée or et argent, à
fond blanc.

152 — Petite Chaise en noyer, dossier à jour avec petites arcades, siège en tapisserie au petit point.

153 — Deux Chaises en bois sculpté et doré de style
Louis XV, garnies en lampas à fleurs sur fond
jaune d'or.

154 — Canapé et Bergère, recouverts en velours vert
frappé et garnis de franges.

155 — Petit Fauteuil, modèle Louis XV, de forme contournée et recouvert en velours rouge frappé.

156 — Petite Chaise à pieds et croisillons contournés,
garnie en cuir rouge à ornements dorés.

157 — Chaise, fumeuse, en bambou doré, garnie en tapisserie à l'aiguille, fleurs et rayures sur fond
noir.

158 — Tabouret carré à pieds en bois noir, siège en tapisserie à l'aiguille, fleurs sur ton blanc.

159 — Chaise basse recouverte en velours noir très richement brodé à bouquet et guirlandes de fleurs en soie de couleur.

160 — Tabouret en noyer à montants cannelés et accoudoirs sculptés à volutes, il est recouvert en lampas et fleurs sur fond blanc, tissé or et argent.

161 — Cinq jolies Chaises à dossiers ovales, en bois sculpté et doré de style Louis XVI et recouvertes en soie blanche brochée à rayures de fleurs.

162 — Fauteuil marquise en bois sculpté et doré à feuillages et cordons en torsade, de style Louis XVI et recouvert en soie brochée à fleurs et rubans sur fond rosé.

163 — Banquette à accoudoirs et traverse pour le dos, en bois de noyer surjeté à rehauts d'or, de style Régence ; elle est recouverte en soie brochée à fleurs sur fond blanc.

164 — Fauteuil confortable, capitonné, recouvert d'étoffe bleu de ciel à dessin Louis XVI en camaïeu.

165 — Chauffeuse en peluche de soie cramoisie avec bande de tapisserie à rinceaux de fleurs sur fond jaune.

166 — Deux petites Chaises genre Louis XIII en noyer, garnies d'étoffe bleu clair et une Chaise capitonnée garnie de même étoffe.

167 — Fauteuil confortable garni de velours frappé vert olive.

168 — Deux Chaises en bois noir garnie de même étoffe.

169 — Deux Chaises chauffeuses garnies d'étoffes variées.

MEUBLES DE SALLE A MANGER

170 — Bel Ameublement de salle à manger, Renaissance, en bois de noyer finement sculpté, composé de :

1° Buffet-Dressoir à panneaux décorés de vases, dauphins et rinceaux, à colonnes et pilastres, à moulures godronnées;

2° Table-Servante, bandeau à tiroirs, pieds formés de colonnettes cannelées, fond plein et tablette d'entre-jambes;

3° Grande Table carrée à allonges, style Henri II, supportée par neuf pieds colonnes lisses;

4° Douze Chaises recouvertes en maroquin rouge.

171 — Crédence de style Renaissance, le corps supérieur à deux vantaux décorés de motifs d'architecture; le corps inférieur, à trois tiroirs séparés par des consoles, est à fond plein et à quatre pieds colonnettes, en façade, reliés par des arcades.

MEUBLES DE CHAMBRES A COUCHER

172 — Très bel Ameublement de style Louis XVI, en bois d'acajou ciré et sculpté , à colonnes cannelées et feuillages, rosaces, frontons à guirlandes de laurier et frises d'enroulements, garni de baguettes de cuivre doré.

    Il est composé :

    D'un grand Lit carré de milieu,

    Une Armoire à glace

    Et une Table de nuit.

173 — Lit carré en palissandre sculpté à colonnettes cannelées et à rosaces, genre Louis XVI.

174 — Table de nuit de même style.

175 — Deux Lits jumeaux en bois d'acajou, forme Louis XV.

176 — Table de nuit en acajou.

177 — Commode Empire en acajou, à cariatides égyptiennes et griffes de lion en bronze ; elle ouvre à deux battants et contient quatre tiroirs.

———

MEUBLES D'ANTICHAMBRE

178 — Buffet à deux vantaux et deux tiroirs en bois de chêne sculpté et décoré de figures en haut relief, de rinceaux, feuillages et mascarons en bas-relief.

179 — Table Louis XIII en noyer, à pieds en balustre, reliés à leur base par une traverse en X.

180 — Quatre Escabeaux à dossiers sculptés.

181 — Miroir à large cadre en bois noir guilloché, de style Louis XIII.

—

MEUBLES DE BUREAU,
DE BIBLIOTHÈQUE, ETC.

182 — Grande Bibliothèque à deux corps, en bois de noyer: le bas à trois vantaux pleins, le corps supérieur en retrait, à trois portes vitrées, séparées par des montants à feuillages.

183 — Bureau en noyer, à tiroirs et pieds à balustre, dessus en basane rouge.

184 — Fauteuil de bureau de forme gracieuse, en noyer sculpté et foncé de jonc; style Louis XV.

185 — Chiffonnier à cinq tiroirs en bois noir, à moulures et à colonnettes cannelées aux angles.

186 — Bureau plat en bois noir, à pieds cannelés, à entre-jambes.

187 — Fauteuil de bureau.

MEUBLES DE CABINETS DE TOILETTE

188 — Grande Armoire garde-robe en bois d'acajou, à moulures et à coins arrondis; elle ouvre à deux battants, et contient à l'intérieur quatre tiroirs à l'anglaise.

189 — Grande Armoire garde-robe, de même modèle, moins les tiroirs à l'intérieur.

190 — Toilette en acajou, garnie de marbre blanc et surmontée d'une glace.

191 — Toilette en chêne, garnie de marbre.

192 — Armoires et Garde-Robes en chêne et pitchpin.

193 — Garnitures de toilette en porcelaine.

BRONZES D'AMEUBLEMENT

194 — Lustre à 24 lumières en bronze doré garni de cristaux, de style Louis XV.

195 — Deux Chenets d'un beau modèle Louis XVI, à vases cassolettes et rinceaux, en bronze doré.

196 — Deux Flambeaux de style Louis XVI, en bronze ciselé et doré, modèle à trépied, cariatides et guirlandes.

197 — Deux petits Chenets, modèle Louis XVI, à lyre
et pomme de pin, en bronze ciselé et doré.

198 — Deux Chenets, style Louis XVI, en cuivre, modèle à boules et galerie ajourée.

199 — Deux appliques à trois lumières, branches de
rinceaux, tête de bélier et rubans, bronze doré.

200 — Deux Chenets, style Louis XVI, à vases et guirlandes, en bronze doré.

201 — Petit Lustre à huit lumières, en bronze doré,
garni de cristaux.

202 — Petit Cartel avec baromètre, en bronze doré,
flanqué de deux cariatides d'enfants ailés.

203 — Lampe, en cuivre gravé et son support, mobile.

204 — Deux Lampes, en faïence artistique moderne,
avec montures, de style chinois, en bronze.

205 — Garniture en porcelaine de Chine et bronze doré,
composée d'une coupe ovale et de deux candélabres à quatre lumières.

206 — Jolie Garniture de cheminée, en bronze doré, au
mat et marbre bleu turquin, à figures d'enfants
tenant des rinceaux et des guirlandes. Elle est
composée d'une pendule et de deux girandoles
à deux lumières.

207 — Galerie de foyer, genre Louis XVI, modèle à vases ovoïdes enguirlandés, en bronze doré.

208 — Deux petits Flambeaux, genre Louis XVI, à feuillages, en bronze ciselé et doré.

209 — Buste de jeune fille à la Colombe, bronze de Raikin, socle garni de peluche.

210 — Pendule borne du temps de la Restauration, en bronze ciselé et doré au mat, à lyre, guirlandes et bouquets de fleurs. Le cadran porte le nom de *Lépine, horloger du roi.*

211 — Deux candélabres à trois lumières, soutenus par deux figures de femmes drapées en bronze vert, socles en bronze doré.

212 — Deux petits Chenets Louis XVI, à boules.

TENTURES

213 — Magnifique parement de piano en soie du temps de Louis XV, à fond bleu clair, brodé à fleurs et ornements en soie de couleur et argent, avec double encadrement de peluche cramoisie et verdâtre, agrémentée de passementeries de soie et d'agrafes en argent.

214 — Trois belles Garnitures de fenêtres, composées chacune de deux rideaux avec lambrequins en velours à larges ornements grenats sur fond rouge feu.

215 — Trois belles Portières en soie, fond bleu clair
brochée à palmettes et grenades en soie ton
or, et bordées d'une frange à grille. Elles
sont garnies d'attaches en bronze découpé à
jour de style Louis XIV.

216 — Deux Rideaux en velours, à fleurs, en relief sur
fond rose.

216 *bis* — Deux Rideaux en satin rose, bordés de franges
à grille.

217 — Tapis de table en peluche cramoisie, orné d'une
bordure de fleurs, brodée en soie.

218 — Tapis de table en drap rouge soutaché d'ornements de style Louis XIV et galonné de peluche vert-olive.

219 — Très beau Couvre-Lit en satin gros bleu brodé
de soie, ton or à fleurs et grenades.

220 — Quatre Rideaux en damas ponceau à ornements
Louis XIV, bordés d'une frange à grille.

221 — Deux Rideaux en très belle soie brochée, à
bouquets de roses en couleurs sur fond crêmé
damassé.

222 — Tentures, Rideaux et Portières en soie, en drap
et en velours.

223 — Coussins et Passementerie.

224 — Rideaux et Stores en guipure.

Vaisselle et Verrerie. Services de table en faïence et en porcelaine.

Service en cristal gravé pour 15 couverts, comprenant cinq sortes de verres à différents vins, 15 carafes, 8 brocs, et un service à liqueurs.

Tapis. Plusieurs tapis en moquette.

Carpettes orientales.

Linge de Maison. Bonne Literie.

———

LIVRES

Environ 600 volumes : OEuvres de Thiers, H. Martin, Guizot, Lamartine, Victor Hugo, Chateaubriand, Montalembert, Shakspeare, Mme de Staël, de Barante, de Vaulabelle, Mémoires du Prince de Metternick, etc., etc.

A. Jacquemart et Le Blanc : Histoire de la Porcelaine.

Quantité de Romans, de Revues et de Brochures.

Vve Renou et Maulde, imprimeurs de la Compagnie des Commissaires-Priseurs, rue de Rivoli, 144.　　　500—53319

www.ingramcontent.com/pod-product-compliance
Lightning Source LLC
LaVergne TN
LVHW010503060726
842527LV00005B/1847